BRINGING BACK OUR WETLANDS

走进湿地

[美] 劳拉·佩杜 (LAURA PERDEW) 著

张超杰 译

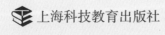

上海科技教育出版社

图书在版编目（CIP）数据

走进湿地 /（美）劳拉·佩杜（Laura Perdew）著；张超杰译.
—上海：上海科技教育出版社，2020.4
（修复我们的地球）
ISBN 978-7-5428-7169-5

Ⅰ.①走…　Ⅱ.①劳…　②张…　Ⅲ.①沼泽化地－青少年
读物　Ⅳ.① P931.7-49
中国版本图书馆 CIP 数据核字（2020）第 012047 号

目 录

游客在斯托里磨坊社区公园了解湿地。

第一章

斯托里磨坊社区公园
的故事

蒙大拿州到处是奇特的景观，有耸立的山脉，有汹涌的河流，有广袤的草原，还有繁茂的湿地。然而在某些地方，人们完全改变了自然生态系统。博兹曼市的郊外便有一块这样的地方。这里曾经是湿地，现在则是斯托里磨坊社区公园的一部分。这个公园以一位成功的淘金者、牧场主——斯托里（Nelson Story）的名字命名。1882年，他在博兹曼附近定居并建立了一家磨坊。经过一段时间精心打理，他的磨坊生意越来越好，最终成为该州最大的面粉厂。为了建造水力磨坊和谷仓综合体，他们把邻近的湿地填平，并对风景区进行了改造，以服务于磨坊。该磨坊坐落在东加勒廷河和博兹曼溪两条河流的交汇处，是许多鱼类、鸟类和其他动物的重要栖息地。然而，这些人为的改造破坏了湿地生态系统。

该工厂在 20 世纪中期被废弃。到了 21 世纪，该地区曾被纳入城市发展规划。当规划因经济原因而被迫终止时，环保人士发现了机会：他们希望恢复该地区湿地的原貌。

2012 年，公共土地信托基金会收购了该地产，并计划建立一个社区公园。个人、公共机构和非营利组织联合将计划付诸实施，以恢复河流和湿地。修复工作始于 2014 年秋季。合作项目包括挖掘河漫滩，恢复河床和河岸生态环境，清除碎片垃圾，将原来湿地的面积扩大一倍。

由于该处位于两个山脉之间的野生动物走廊中，恢复的湿地将再次成为野生动物的重要栖息地。海狸、水獭、水貂、鱼和鸟都会受益。此外，湿地将改善下游水质并减少洪水。

2017 年 3 月，公共土地信托基金会因修复斯托里磨坊社区公园的工作获得 2017 年蒙大拿州湿地管理奖。管理公共土地信托项目的波普（Maddy Pope）致言，该项目的成功归功于许多组织和专业人士的配合，他们共同为该地区生态保护和恢复作出了贡献。

人造湿地

并非所有湿地都是天然的。在逐渐认识到这些高生产力生态系统的价值后，人们便着手建造人工生态系统以满足人类的需求。

有的人造湿地用于养虾、养鱼或种植水稻；有的用于储存水和净化水；有的用于防洪和污水处理；还有一些湿地专门建造在学校或社区附近，用于教育儿童，让他们认识到湿地的重要性，同时作为娱乐休闲场所。

什么是湿地

湿地是部分时间或长期被水淹没的区域，或具有水饱和土壤的区域。一些湿地，如春季池，在每年的部分时间是干燥的。湿地分布于所有气候带，从热带到苔原带，遍布除南极洲以外的所有大陆。这些独特的生态区域是各种各样动植物的家园，陆生或水生动植物都能较快适应当地这种特定的生活环境。

湿地的大小和形状各不相同，呈现多种形式。一般来说，湿地分为两大类：潮汐湿地和非潮汐湿地。潮汐湿地，顾名思义，是位于沿海并受到潮汐影响的湿地。在美国，从阿拉斯加南下，沿太平洋海岸到加利福尼亚，包括墨西哥湾沿岸各州，一直到大西洋沿岸，都是这种类型的湿地。由于淡水和盐水的混合，这些地区的湿地盐度会发生变化。潮汐湿地包括海岸线、盐水沼泽、淡水沼泽，以及红树林沼泽，这些地方的树木和其他植物生长在盐度较高的土壤或水中。

非潮汐湿地位于内陆地区。它们有淡水资源，不受潮汐影响。在美国，94%的湿地都是非潮汐湿地。它们分布在溪流和河流两岸、池塘和湖岸附近，或者偏僻的低洼地区。内陆湿地种类繁多，包括草本沼泽、木本沼泽、浅

在清理斯托里磨坊湿地过程中，人们从东加勒廷河挖出了6800千克的金属废物和230千克的混凝土碎块。

莫克斯平原湿地

玻利维亚的莫克斯平原湿地是世界上最大的湿地之一,对亚马孙热带雨林的生态健康也至关重要。该湿地涵盖了超过690万公顷的热带稀树草原,经历周而复始的洪水和干旱。莫克斯湿地拥有1000种已鉴定的植物、625种鱼类、102种爬行动物、568种鸟类和131种哺乳动物。其中包含一些濒危物种,如玻利维亚河豚和蓝喉金刚鹦鹉。2013年,《拉姆萨尔公约》将该湿地认定为国际重要湿地。

沼泽、干盐湖、壶穴、春季池、泥炭沼泽和碱沼。

湿地的重要性

所有湿地,无论其位置或大小,都为各种各样的生物提供了居所。它们经常被拿来与雨林和珊瑚礁相提并论,因为它们都为许多鸟类、鱼类、哺乳动物、爬行动物、两栖动物、昆虫、微生物和植物提供栖息地、食物来源和庇护所。更具体地说,湿地可以为诸如熊、浣熊、海狸、鹿、驼鹿和麋鹿等哺乳动物提供食物和栖息地,为到美国南部沼泽地过冬的沙丘鹤、野鸭和绿头鸭等候鸟提供庇护所。与珊瑚礁一样,湿地中的许多物种都处于濒危状态或受到威胁。事实上,美国三分之一的濒危或受威胁的动植物依赖于湿地。其中包括美洲鳄、鸣鹤和数种兰花。由于濒危动物通常生活在湿地中,一些湿地已经成为重要的栖息地。这意味着它们是濒危物

春季池是指在冬季和春季蓄积浅水的低洼地区。

种赖以为生的场所。

　　湿地不仅为植物和动物提供重要的栖息地，还能够过滤和净化水。当水进入湿地时，通常带有沉积物和污染物。湿地充当天然过滤器，在

控制蚊虫

人们通常以为沼泽和其他长期积水的区域总是会有蚊子大量出没。其实，在健康的湿地中，情况并非如此。相反，不少生活在湿地中的生物都能够抑制蚊虫的繁衍。包括鱼类、两栖类、昆虫、鸟类和蝙蝠在内的湿地物种都是蚊子的天敌。在健康的湿地生态系统中，这些物种的存在有助于减少蚊子数量。当湿地被填平、污染或堆放垃圾后，许多物种无法生存，但蚊子却可以。由于天敌物种剧减，蚊子幼虫便得以在不健康的湿地中肆无忌惮地繁殖。

1 英亩（0.4 公顷）的典型湿地可容纳超过 380 万升的水。

水流向下游或渗入地下之前过滤了沉积物、吸收了许多污染物，从而使水质得到改善。湿地还能像海绵一样，收集和储存水。大部分水渗入地下，补给地下水。例如，在佛罗里达州的大沼泽地，湿地为比斯坎湾含水层提供补给，进而为迈阿密大都市区提供饮用水。在干旱期和旱灾严重期，这些储备水至关重要。

湿地植物还能减缓溪流和河流流速，进而减少了侵蚀。它们还可以减少洪水灾害和降低山洪暴发的风险。海岸湿地同样可以作为缓冲区，它们降低了暴雨降水的冲击影响。红树林沼泽和盐沼减轻了海岸侵蚀，并减少了当地居民的财产损失。

湿地的另一个重要功能是它们可充当碳汇。在人类历史的某些时期，二氧化碳大量进入大气层，这时，湿地的这一功能便至关重要。与森林类似，湿地能够从空气中吸收并储存二氧化碳，对整体生态环境健康产生重要的影响。

湿地还有很高的经济价值。许多人靠在湿地捕鱼或打猎谋生。在美国的所有商业性渔业捕捞中，超过75%的鱼、蟹和其他渔获物依赖于湿地。湿地的经济效益还包括改善饮用水质量、控制污染和减轻洪涝灾害影响。此外，湿地也是远足、摄影、观鸟、狩猎、划船等休闲娱乐的场所。这些活动每年给社区带来数十亿美元的收入，并为当地居民创造了就业机会。

然而，人类对湿地的经济价值和生态价值认识过于缓慢。长久以来，大量湿地被破坏或退化，让位于人类的其他需求，例如斯托里磨坊。不过，随着人类逐渐认识到湿地的价值，保护措施逐渐加强，这使得世界各地湿地生态系统逐渐得到保留、恢复和保护。

野鸭基金会

野鸭基金会是一个几十年前便认识到湿地价值的非营利组织。从20世纪30年代开始，一些野鸭捕猎者便发现，严重干旱导致野鸭群数量急剧下降。他们没有坐视不管，而是开始担心野鸭种群永远无法恢复。于是，一些热心的人士聚集在一起成立了野鸭基金会。该组织只有一个目标：保护水禽的栖息地。自1937年成立以来，该组织已成为全世界湿地保护的引领者，致力于通过公开或私下合作，制订公共政策、举办教育活动并募集资金，从而恢复、保护和管理这些栖息地。截至2017年，该组织已经保护了超过530万公顷的湿地。

湿地科学

在人体内，肾脏负责过滤血液中的废物和过剩的营养物质。湿地则在自然界中也起着类似的作用：水流向下游或进入地下水之前，湿地可以对其进行过滤。首先，当水进入湿地时，流速会放缓，水中所携带的沉积物会自然沉降到水底，这个过程称为沉积过程。这可以防止沉积物进入下游，因为沉积物会破坏生态系统和影响水的自然循环。

过剩的营养物质和污染物也被拦截在湿地中。在城市地区，工业、街道、建筑物和居民区的径流携带着大量有毒污染物。在农业区，径流经常携带化肥、杀虫剂和粪便。当径流到达湿地时，过剩的有机营养物质被植物吸收或转化为危害较小的物质，从而防止水体富营养化，因为水体富营养化可导致藻类大量繁殖，有毒化学物质产生，水体缺氧。

湿地也会通过沉积作用清除水中的大量污染物，因为许多重金属等污染物会被土壤颗粒吸附，并随着土壤颗粒沉降到水底，最终被掩埋。其他污染物被生活在湿地里的生物分解，或在阳光下曝晒转变为危害较小的物质。植物、藻类和细菌也会吸收许多污染物。湿地的水渗入地下或流向下游离开湿地时已经经由自然净化除去了污染物。

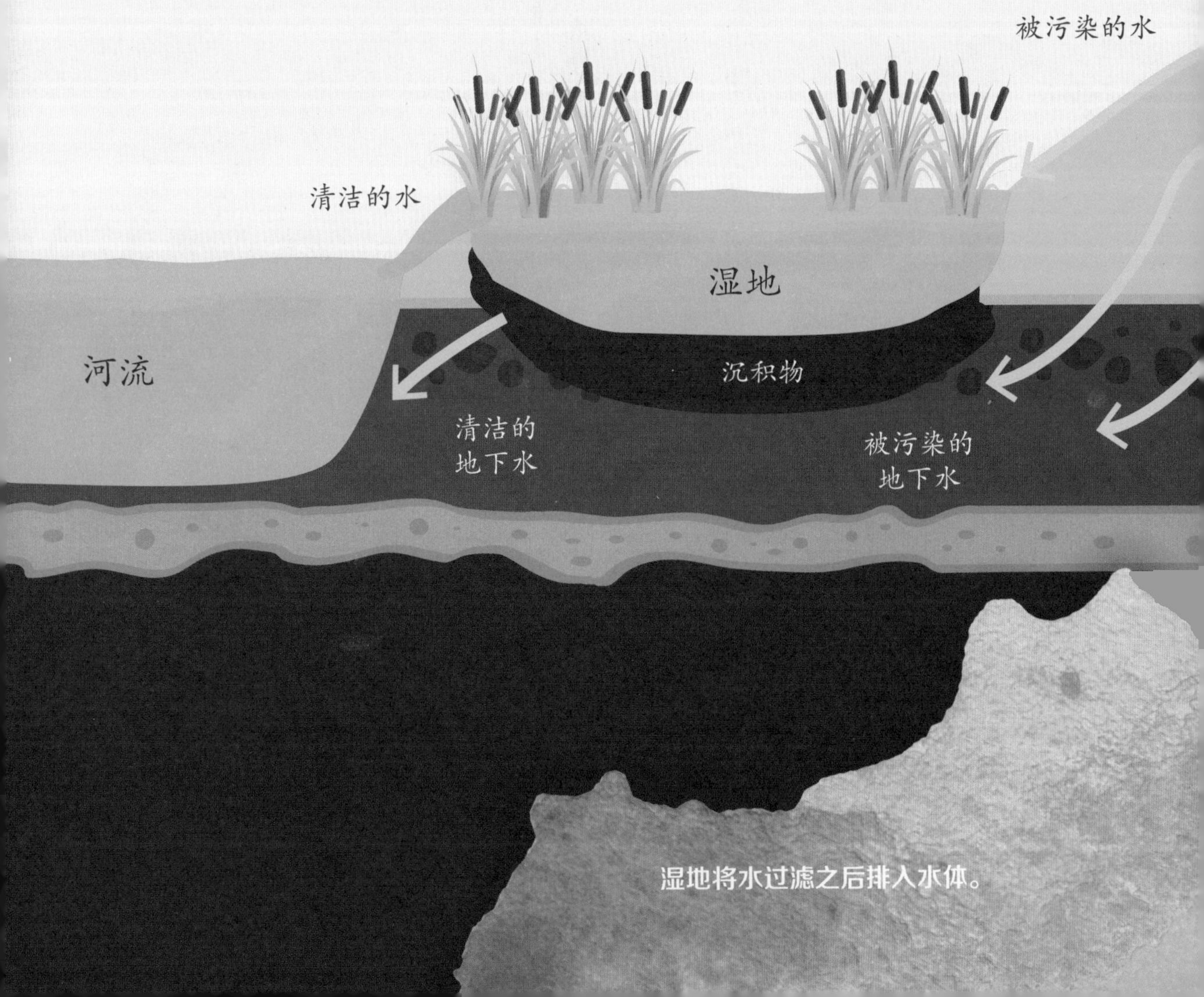

被污染的水

清洁的水

湿地

河流

沉积物

清洁的
地下水

被污染的
地下水

湿地将水过滤之后排入水体。

有些人认为湿地是倾倒垃圾的地方，但
这伤害了野生动物，也破坏了水质。

第二章

湿地都去哪了

在人们认识湿地的价值和功能之前，湿地被视为不毛之地，因而被填平或排空后用作他途。有的湿地成了倾倒垃圾、污水和其他废弃物的地方。1728 年，勘测员伯德（William Byrd）和他的同事为了划定弗吉尼亚州和北卡罗来纳州之间的分界线，造访了如今被称为大迪斯默尔沼泽的地方。他将该沼泽描述为："一个可怕的荒漠……它的中心没有任何野兽或鸟类，也很少见到昆虫或爬行动物。甚至没有一只红头美洲鹫会冒险从它的上空飞过。"人们普遍认为这个湿地是因伯德而得名，但他不是唯一一个轻视这片湿地价值的人。华盛顿（George Washington）曾设想将该地区移作他用，并且最先开始为当时面积达 40 万公顷的沼泽地排空积水，用于经营农业和伐木。几个世纪以来，在全美各地，其他湿地也发生了类似的变化，即用于农业和其他开发项目。结果，美国鱼类和野生动物管理局（USFWS）发现，截至

在大迪斯默尔沼泽避难

在 19 世纪，向北逃亡的奴隶利用大迪斯默尔沼泽作为"地下铁路"的中转站，有的人还在那里定居。虽然它不是一个舒适的地方，但却是一个便于隐藏的好地方。从 2003 年以来一直在该沼泽探险的考古学家塞耶斯（Daniel Sayers）说："他们前往沼泽地，不是因为喜欢那里，而是因为他们生活的世界非常残酷并充满压迫，他们备受奴役和殖民统治。"塞耶斯发现了许多之前住在沼泽地的居民的遗迹，包括许多房屋的遗址和钉子。塞耶斯认为，曾有一段漫长的时间，人们为逃离奴隶制而在沼泽地安了家，例如失去了家园的美洲印第安人，以及一些被驱逐出社会群体的人。

1990 年，美国 48 个州原本的 8900 万公顷湿地已被摧毁过半。一些州甚至失去了 90% 的湿地面积。在全球范围内，这种趋势也大致相同，自 1900 年以来，地球上 60% 以上的湿地消失了。在亚洲，湿地损失更为严重。

土地开发

正如华盛顿的案例所描述的，湿地破坏的主要原因之一是农业。湿地常被开沟排水并填平，以便种植作物和驯养牲畜。例如，在中西部地区，居民把茂密的植被，丰富的水资源和肥沃的土壤视为商机，他们开沟排水，铺设地下管道，将湿地的水排干并输送到下游。排干水后，湿地便可用于耕种。这种做法非常普遍，到 1935 年已铺设了近 241 000 千米的管道。然而人们为此也付出了代价，比如，伊利诺伊州失去了 90% 以上的湿地。

城市发展和工业发展也对湿地资源造

成破坏。过去，很多湿地已经被填平或排干，以便为住宅、工业或商业开发腾出空间；这种开发还需要建设基础设施，如道路、水坝、桥梁、堤防等。所有这些填埋、挖掘沟渠、筑坝等改造湿地的土地开发项目都会导致栖息地丧失，甚至还会导致生境分裂，从而将大片的、连续的栖息地分割成较小的、孤立的地块。这些较小的栖息地限制了物种的移动，它们所能承载的生物量比完整栖息地少很多。同样地，自然流水流经被改造或破坏的湿地时被迫中止，这也会导致灾难发生。这种水文变化可能导致某些区域异常干燥，某些区域则水量过多，还可能导致地下水减少。在路易斯安那州沿海地区，这种变化尤为明显，由于该地区的湿地被严重破坏，导致地表逐渐下沉。密西西比河上的堤防破坏了河流的沉积过程。湿地内的水、石油、天然气、盐和硫都是从湿地下层开采。人工河道贯穿湿地，为航运通行提供便利。其他湿地也已经排干。这些行为导致咸水

迪克森水禽保护区

　　2001 年之前，伊利诺伊州迪克森水禽保护区的湖泊已经干了将近 100 年。该地区有长约 64 千米的排水管纵横交错，还有沟渠和持续运行的泵。它们每天向伊利诺伊河输送近 3400 万升的水。该区域于 2001 年开始修复。泵被关闭，管道停止使用。在短短 3 个月内，曾经的湖泊重新注满了水。如今，迪克森水禽保护区是一个繁荣的、功能齐全的湿地，拥有各种各样的鱼类、昆虫、鸟类和其他野生动物，也是迁徙水禽的栖息地。

多达半数的北美鸟类依靠湿地进行筑巢、觅食。

20 世纪 50 年代中期至 70 年代中期，大量土地被开垦为农业用地，导致 87% 的湿地消失。

侵入淡水湿地，导致海水淹没路易斯安那州的更多海岸。在路易斯安那州和其他地方，这些水文变化，导致生境分裂越来越严重，栖息地损失越来越严重，最终会影响那些适应了湿地环境并高度依赖湿地的植物和动物物种。

农业和城市的发展也对世界各地的湿地造成了污染。化学品、重金属、过量营养物质、肥料、杀虫剂、污水和其他有害废物都会进入湿地。虽然湿地具有吸收某些污染物的能力，但如果进入湿地的污染物数量超过了它们的处理能力，那么这些有毒径流将导致生境退化或被破坏。值得关注的是进入湿地和其他水生生态系统的过量营养物质如氮和磷等会刺激植物生长，藻类是水生生态系统的天然组成部分，但在这些营养物质过剩的情况下，它们往往会失去控制，引发藻华。当藻类腐烂时，它们将消耗水中的大部分甚至全部氧，导致其他水生生物缺氧。这将引起许多物种死亡并迫使一些幸存物种迁移到其他地方。

气候变化是全世界湿地的另一个威胁。虽然气候变化对湿地的直接影响尚未完全明确，但平均气温的升高会促进蒸发并导致水位下降、水温升高。这也会对植物和动物种群造成伤害。水温升高还会刺激细菌繁殖，进而促使藻类生长并导致水体缺氧。此外，海岸湿地还受到海平面上升的威胁。

在过去的 200 年里，美国大陆平均每分钟流失 0.4 公顷的湿地。

最后的援手

到 20 世纪 60 年代，越来越多的人意识到日益突出的环境问题，湿地流失、退化问题就是其中之一。整个 20 世纪 60 年代，各国政府与非政府组织开始商讨保护湿地免于进一步退化的条约。1971 年，人们熟知的《拉姆萨尔公约》在伊朗的拉姆萨尔签订。这个条约是通过国际合作进行湿地保护的一个框架。

在美国，《清洁水法》（CWA）于 1972 年颁布。它在 1948 年的《联邦水污染控制法》基础上进行了扩展。CWA 的第 404 条是管控固体物质进入美国水体的流程。包括填埋湿地或其他水道进行开发、修建水坝和堤防以及其他项目。该条款要求凡是此类活动都要经过许可审查程序，个人必须证明他们已经研究了替代方案，并将采取措施避免或

来自草坪或农业的肥料会流入湿地，导致藻华爆发，其他生物无法生长。

尽量减少对湿地的影响。美国陆军工程兵部队和环境保护局（EPA）负责监督404条款的审查、许可和执行。

后来，1977年，卡特总统（Jimmy Carter）签署了11 990号行政命令。这项命令迫使政府机构采取行动，尽可能避免对湿地的破坏或干扰。1985年的《农业法案》通过减少农业对湿地生态系统的影响而进一步保护湿地。参加美国农业部（USDA）的种植者作物生产激励计划的农民不得将湿地用于农业。这项政策被称为"高度易受侵蚀土地保护合约和湿地保护公约"，也被称为"沼泽地同盟"（Swampbuster）。

1989年，布什总统（George H. W. Bush）确立了"湿地零损失"政策。虽然该政策并不意味着没有任何湿地损失，但它仍然为湿地保护开辟了先例。该政策要求任何受人类活动影响的湿地必须通过建设同等大小、功能和价值的湿地进行弥

《拉姆萨尔公约》

《拉姆萨尔公约》也被称为《湿地公约》，是最早的一份国际环保协议。该协议于1971年签署并于1975年生效，其目的是"通过地方和国家的行动以及国际合作，对所有湿地进行保护和合理利用，为实现全世界的可持续发展作出贡献。"缔约国同意在各自国家推行合理利用湿地政策，推选和管理可列入《国际重要湿地名录》的湿地，并与周边国家开展合作，保护共有的湿地和湿地物种。截至2017年，共有169个缔约国参与保护2280个湿地。

《北美湿地保护法案》

《北美湿地保护法案》（NAWCA）于 1989 年颁布。它为保护、恢复和管理北美湿地生境的湿地保护项目提供补助，湿地生境是水禽和其他候鸟赖以生存的地方。该计划为加拿大、美国和墨西哥的长期项目提供配套补助金，这意味着每接受美国鱼类和野生动物管理局 1 美元的资助，接受者必须从非政府渠道再募集 1 美元的捐助。这种配套补助方式开创了由公共机构、私人和非营利组织合作进行湿地保护的先河。自成立以来，《北美湿地保护法案》已向 2500 多个项目提供总额近 15 亿美元的拨款。配套捐款额比拨款总额还多出 30 亿美元。这些保护措施为超过 1200 万公顷的湿地提供了保护。

补。从那以后，湿地进一步在州和联邦层面得到更多的保护。

尽管美国在保护、恢复和提升余留湿地功能方面做了大量工作，但 2009 年的美国鱼类和野生动物管理局报告发现，湿地的增补速度仍然慢于湿地的消失速度。当时的内政部长萨拉萨尔（Ken Salazar）呼吁继续努力，并指出该报告是"一个警告，意味着保护湿地资源仍须投入更多的努力"。这项保护湿地的工作正在美国和世界各地持续展开。

将湿地转变为住房用地会导致湿地损失并使湿地分裂。这意味着湿地野生动物无法进入其他湿地去寻找食物或配偶等重要资源。

23

木栈道让人们可以在不破坏植物
的情况下参观和了解湿地。

第三章

保护私人土地

随着人们对湿地消失的关注度提高，全球采取了越来越多的措施来保护余留的湿地资源。保护措施形式多样，包括制订新政策、创建新的保护区、教育公众认识湿地的价值，以及参与现场修复工作。然而，在美国，湿地保护最大的障碍之一是超过70%的湿地属于私有财产。不过，这也可能成为湿地保护的极佳机遇。

湿地保护区计划

美国1990年的《农业法案》批准了湿地保护区计划（WRP）。这将有助于清除湿地保护的主要障碍——大多数湿地都属于私有财产。参加湿地保护区计划并登记部分土地用于恢复和保护湿地的土地所有者将享受该计划提供的技术和财政支持。此项计划由美国农业部管理，

超过 30% 的濒危和受威胁物种依赖湿地生境。

试点计划于 1992 年在 9 个州开始推行，并于 1995 年在全国范围内实施。

符合湿地保护区计划要求的土地包括经常被洪水淹没的农业用地；已被改造为农场或牧场的湿地；位于河流沿岸，可以连接其他受保护的湿地以形成一个更大、更有生命力的生境的土地以及可以帮助巩固邻近湿地的土地。一旦土地所有者参加了该计划，他们就给予了美国农业部管理其湿地的权利，但土地的合法所有权仍属于业主。截至 2014 年，超过 100 万公顷的湿地被纳入《世界湿地计划》中。2014 年，《世界湿地计划》与《农业法案》下的其他计划合并为《农业保护地役权计划》。它仍然由美国农业部的自然资源保护局（NRCS）管理，并继续为土地所有者提供恢复、保护和巩固湿地的激励措施。

它是怎么运作的

土地所有者必须申请加入湿地保护区计划。申请后，该计划为土地所有者提供了不同形式的合同供选择，支付与市场价相同的土地地役权费用和土地恢复成本的 75% 至 100%，以及修复费用。土地地役权是指通过法律授权，利用他人的土地获取特定权益，财产所有权仍归原业主所有。然后，自然资源保护局的专家与土地所有者、野生动物保护机构、研究人员和其他组织合作，制订一项基于当前湿地恢复技术的计划，以实现湿地保护项目效益最大化。恢复计划包括：详细调查该地区的水文，种植各种本土植物，并简要介绍建设一个自我维持的、功能性的湿地生境的方案。

土地所有者也从土地恢复计划中受益。他们帮助恢复和保护湿地每年所获的财政资助往往超过了土地的生产力。一位名叫赫芬顿（Jack Huffington）的农民在伊利诺伊州拥有72公顷的河滩地。每年，该地区都会被淹没3到4次，每次他的庄稼都会遭殃。有时政府会为赫芬顿提供经济补助，供他重新种植庄稼，但最终他投入了大量的劳动却只赚到很少的钱。湿地保护区计划实施后，赫芬顿决定停止与洪水抗争，任由土地被水淹没。2010年，他所拥有的32公顷土地参加了湿地保护区计划，他现在所拥有的湿地曾是鹿、白鹭、鹰和许多其他物种的乐土。他用奖励金购买了更多的土地，这些土地的

波卡冈部落

在迁徙的白人到来之前，波塔瓦托米民族遍布北美洲中西部，从伊利湖延伸到密西西比河以西，从密歇根州的下半岛延伸到沃巴什河。在18和19世纪，美国政府将许多美洲印第安人从他们的土地上赶走，送往西部。但由于酋长波卡冈的争取，美国政府允许波卡冈部落留在大湖地区。在20世纪90年代，波卡冈部落开始扩张其领土，包括获得坎卡基河沿岸587公顷土地。其中一些土地是沼泽地，对他们而言具有历史和文化意义。参加湿地保护区计划后，波卡冈部落和自然资源保护局专家恢复了湿地，其中包括重新建造传统的野生稻田。由沃伦领导的部落委员会将继续保护湿地。

海拔比他原来的土地高出 3 米，一般不会被洪水淹没。

　　堪萨斯州的一位农民遇到了类似的问题。农民们预料到他们的土地难免有些地方容易遇到麻烦，但对于施密特（Dale Schmidt）来说，他所拥有的 58 公顷土地全都有麻烦。每年土地都被洪水淹没，并且水会从附近的田地带来淤泥。多年来，这片土地没有生长过任何庄稼。施密特决定让土地回归自然状态。在湿地保护区计划的帮助下，他恢复了水文环境以支持湿地，种植原生草本，并建造了堤防以防止其他田地遭受洪水侵袭。他还致力于控制入侵植物的工作，他的土地现在是一片繁荣的湿地，为迁徙的水禽和其他物种，包括白鹭、沙丘鹤、鹌鹑和山猫等提供栖息地。施密特说："我见过各种鸭和鹅，这太让我开心了！"

这片被洪水淹没的土地是 2004 年内布拉斯加州密苏里河沿岸大型湿地恢复项目的一部分。

生态走廊

在佛罗里达州，有一个湿地保护区计划涉及 4 个产权人和 5 块土地。这些产权人拥有的综合湿地面积总计超过 10 500 公顷，分布在菲什伊廷河沿岸。菲什伊廷河湿地保护区计划涉及公共土地和私人土地，构成了一条从佛罗里达州中部延伸到大沼泽地的重要生态走廊。它将那些由于开发建设而分裂的野生动物栖息地连接起来。庞大而完整的栖息地能够供养更大的物种种群，各种生物在内部可以自由穿梭。有 19 个联邦濒危和受威胁的物种，如佛罗里达黑豹，依赖于这片湿地。此外，这些项目恢复了湿地的天然净水功能，能够净化进入奥基乔比湖和大沼泽地的水流的水质。

成功

恢复属于私人财产的湿地为许多植物和动物提供了重要的栖息地，对于许多濒危物种的恢复起着至关重要的作用。例如，木鹳是濒危物种，它们在柏木沼泽上筑巢。到 20 世纪 70 年代，它们的数量急剧下降，主要出现在佛罗里达大沼泽地。然而在 2010 年，在佐治亚州西南部的湿地保护区计划恢复的湿地上有超过 125 个木鹳巢穴被发现。路易斯安那州、密西西比州、阿肯色州和佐治亚州的黑熊也得益于湿地保护区计划栖息地，他们的数量已经恢复。科学家还看到了享受湿地保护区计划栖息地的鸣鹤、号手天鹅、沼泽海龟、俄勒冈鲑鱼、芬德蓝蝴蝶以及许多其他濒危物种的数量有所回升。

最后，恢复后的湿地周围的环境以及整体空气质量均得到改善。美国各地数百万公顷的私人土地已经恢复了湿地，在减少大气中二氧化碳排放方面起到了重要作用。据估计，这些经过湿地保护区计划修复的湿地可能在其土壤、有机物质和植被中储存超过 4.5 亿千克的碳。这相当于公路上行驶的车辆减少 36 万多辆。

看到有野生动植物重现于恢复的湿地，我们欣喜万分，而且湿地还可以防止水流淹没农田。

——莱宁格尔（Max Leininger），参加内布拉斯加州雨水盆地湿地保护区计划的土地所有者

清洁水法

长久以来，湿地的定义和名称一直含糊不清，需要进行规范解释。美国环境保护局和美国陆军工程兵部队于 2015 年发布的《清洁水法》明确规定了受联邦保护的湿地和水体的范围，从而解决了这一问题。湿地被阐释为影响水体化学和生物学性质的区域。它们与湖泊或河流等相连。该法案旨在保护对下游水域产生影响的水道，包括许多湿地。

北美草原壶穴可以通过储存多余的雨水来防止洪水泛滥。

第四章

保护北美草原壶穴

私人土地湿地保护的一个特殊区域是美国和加拿大的草原地区。该地区包括美国的明尼苏达州、艾奥瓦州、北达科他州和南达科他州以及加拿大的艾伯塔省、萨斯喀彻温省和马尼托巴省。虽然大草原似乎不太适合被看作湿地，但草原中却随处可见湿地存在。草原中的湿地一般是在一万年前冰川退去时形成的，地面上遗留下的坑坑洼洼好像一个个水壶，其中装满了融雪和雨水。该地区的一些壶穴是季节性沼泽——它们在一年中的部分时间是潮湿的，而其他的则一直都是湿的。北美草原壶穴曾经是地球上最广阔的草原和小湿地区域，平均每平方英里（2.6 平方千米）有 83 个小湿地。

北美草原壶穴也是许多农田的来源。

小湿地计划

北美草原壶穴为许多物种，尤其是水禽提供了重要的栖息地。事实上，在北美的所有迁徙水禽中，50%以上都依靠北美草原壶穴地区进行繁殖、筑巢和休息。此外，湿地天然具有防止下游发生洪水的功能，因为湿地可以吸收融雪和雨水。湿地还为地下水提供补给。

然而，与世界上许多其他湿地一样，北美草原壶穴已被改变或破坏以适应人类的需要。在 20 世纪初，许多北美草原壶穴被排干，因为农民要利用肥沃的土壤进行农业生产。如今，该地区只剩不到 50%的原始湿地还没被人为改变。残留的湿地彼此分裂，由于受农业影响，水中含有沉积物、过剩的营养物质和化学物质。

在 20 世纪中期，人们开始注意到草原湿地和依赖它们的物种所发生的变

鸣鹤

鸣鹤是北美最濒危的湿地物种之一。由于在伊利诺伊州进行了湿地修复工作，鸣鹤现在的迁徙路线上有了停靠点。沃巴什河和恩巴勒斯河之间某个地区几十年前曾遭受排水和农业破坏。随着该地区 134 公顷的区域生态得到修复，湿地得以回归。野生动物的数量也回升了。一年之内，一对鸣鹤来到这片湿地繁殖。"看到濒临灭绝的物种如此迅速地恢复到以前的迁徙模式，感觉非常了不起。"自然资源保护局的格拉德（Bill Gradle）说，"这实际证明了恢复这些洪泛平原能够收获怎样的成果。"

美国和加拿大的北美草原壶穴是北美洲 50% 到 80% 的野鸭的家园。

化。其中有一个是南达科他州沃贝国家野生动物保护区的管理员士丹顿（Fred Staunton）。他认为这些湿地的消失是由于农业排水造成的，他于 20 世纪 40 年代开始记录水禽数量下降的情况。1949 年，《田野与河流》（Field & Stream）杂志刊登了一篇名为《再见，沼泽坑》的文章，报道了该保护区内壶穴湿地所面临的困境，引起了美国公众的注意。这篇文章的效果立竿见影，国会立即采取行动保护壶穴地区及当地水禽。由美国鱼类和野生动物管理局管理的小湿地计划于 1958 年 8 月 1 日创建。该计划的资金来自出售联邦鸭子邮票和其他来源，用于保护小型湿地和周围的草原（主要位于北美草原壶穴地区），使之成为水禽的栖息地。这些保护区现在是美国国家野生动物保护系统的一部分。

持续不断的挑战

尽管美国鱼类和野生动物管理局的小湿地项目取得了成功，但北美草原壶穴地区 85% 的土地都是私有的。因此，该地区湿地保护的大部分责任落在土地所有者身上，其中许多人是农民。长期以来，自然资源保护局总是为农民提供财政激励，以保护湿地和其他生境，而不是根据美国土地休耕保护计划将其转变为农业用途。然而在 21 世纪初期，农民种植的谷物、大豆和玉米所得的收益飙升。不仅如此，由于气候变化，该地区的作物种植季时长超过了历史均值。对于农民来说，在经济繁荣时期，排水和改变湿地带来的经济收益是显而易见的。2006 至 2011 年间，该地区失去了 5200 平方千米的草原。人们不再参加政府计划，而是加强了他们的农业耕作。由于石油钻井平台建在曾经的保护区并开始钻探，石油繁荣也导致了更多的湿地流失。

自然资源保护局对于这个问题也负有一定的责任。2017 年的一份报告显示，参与保护区计划的土地没有得到定期监测。其中一部分原因是工作积压，导致自然资源保护局走捷径，虽然提高了工作效率，但几十年来都没有落实保护措施。根据该报告，自然资源保护局同意进行审查，使工作流程更清晰。

联邦鸭子邮票

当迁徙者开始穿越北美时，鸟类等野生动物的数量急剧下降。其中主要原因是过度捕猎和湿地生境被破坏。为了降低这些损失并保护水禽栖息地，美国罗斯福总统于 1934 年签署了《鸭子邮票法案》。该法案要求所有年满 15 周岁的猎人每年须购买一张关于猎捕和保护候鸟的邮票，即鸭子邮票。鸭子邮票售出后得到的钱部分用于候鸟保护基金。这笔钱可用于购买湿地和其他野生动物栖息地，并纳入美国国家野生动物保护系统中。自 1934 年以来，出售鸭子邮票已积累了超过 8 亿美元资金，保护了超过 230 万公顷的湿地。

美国土地休耕保护计划

美国土地休耕保护计划由里根总统（Ronald Reagan）于1985年签署生效，成为美国规模最大的私人土地保护计划。根据该计划，农民可以登记易退化的土地或本地物种赖以生存的土地，并将其撤出农业生产。农民还应同意种植本土植被以改善生境。作为回报，农民得到了相应的租金，以补偿农业生产损失。该计划的目标是重建健康的生态系统，改善水质，提供重要的生境，并防止土壤侵蚀。该计划下的一系列举措使许多湿地、松林、蜜蜂栖息地和鸟类栖息地受益。

根据美国地质调查局的数据，如果所有北美草原壶穴地区受保护的湿地都失去了，那么超过1090万吨的碳将会被释放到大气中。

北美草原壶穴合资企业

参与北美草原壶穴地区湿地保护的机构有很多。除自然资源保护局外，还有北美草原壶穴合资企业等组织。这种合作形式始于1987年，由州、地方和联邦政府机构，以及非政府组织、土地所有者、科学家、公司、政策制订者等组成。将不同团体组织在一起，这种合作方式可以保护重要的鸟类栖息地，最终改善水土质量并防止洪水泛滥。

对保护湿地感兴趣的土地所有者自愿加入该计划。作为回报，农村家庭按湿地面积获取报酬。此外，为修复工作提供技术支持，以及提供有助于保护野生动物栖息地的最新土地管理实践经验等行为还可获得额外收益。

美国鱼类和野生动物管理局还开展了保护草原运动，旨在提高公众对生境消失

蒙大拿州的一些草原壶穴生境受本顿湖国家野生动物保护区保护。

有些人可以在没有野生生物的环境中生活，有些人则不能。像风和日落一样，野生的东西被视为理所当然，直到它们被消灭。

——利奥波德（Aldo Leopold），
环保人士，作家和生态学家

问题的认识，并向公众宣传湿地和草原生态系统的价值。由于湿地当前仍在大量流失，所以该活动的另一目标是帮助人们了解保护工作不仅对某块单独湿地有益，还有益于其他生境。该活动解释了湿地如何改善水和土壤质量。此外，人们不需要在保护湿地和发展农业之间进行抉择，如果得到妥善管理，生态系统既可用于豢养牲畜，又可维持本地物种生存。这场运动以及其他保护行动背后的相关人士都致力于保护和修复遗留的壶穴，并向公众宣传它们的价值，以保护北美草原壶穴，进而保护野生动物及其后代。

北美草原壶穴为牲畜和野
生动物提供饮用水。

一旦湿地受到污染，就需要人为干预才能使生态系统恢复健康。

第五章

变废为宝

由于湿地在人们心目中的印象历来是又脏又臭、蚊虫肆虐的荒地，所以它们经常被用作倾倒垃圾和其他废物的地方。世界上许多湿地都充斥着旧家电、废旧轮胎、生活垃圾、生锈的金属、碎玻璃和污水等。垃圾堆放破坏了这些湿地的生境，使它们无法发挥作用，无法维持本地物种生存。

泽西市林肯公园

现在的新泽西州泽西市林肯公园曾经是潮汐沼泽地。随着该地区的城市化，这里变成了非法的垃圾填埋场。沼泽地位于哈肯萨克河沿岸，就在该河流即将汇入纽瓦克湾处。距离纽约曼哈顿东部和史坦顿岛南部仅几千米。这里已成为一个充满各种废物的肮脏的地方。此外，对于任何湿地物种而言，它都是一个不健康的栖息地，该沼泽不再是有效抵御风暴的缓冲区。

几十年来，人们一直在讨论将该场地发展成公园的计划。2005 年，新泽西州环境保护部门，美国国家海洋大气局（NOAA）以及哈得孙县共同协调恢复该湿地。除了从附近水域的 3 次严重油泄漏事件中获得的一些赔偿资金外，该项目还根据 2009 年美国"复苏与再投资法案"从美国国家海洋大气局获得了 1060 万美元。

第一步是从 17 公顷的场地清除垃圾填埋场的废物。总共移除了 40 000 卡车的废物。然后用干净的沙土覆盖挖掘区域，为种植和重建原生盐沼植被提供健康的生态基础。该项目还恢复了位于高潮水位和低潮水位之间区域的超过 1200 米的水道，使鱼类可以进入潮汐池塘。该项目还涉及沿着沼泽建造一条步道，并为游

湿地恢复

所有湿地恢复项目都涉及许多方面，需要进行全面考量，以确保成功。美国环境保护局研制了一份工作指南：湿地恢复指导原则。这项原则要求保护湿地的资源，以及恢复湿地的天然功能和结构。这需要通过了解该地区的天然水循环来实现。此外，须研究确定该项目是否可行。项目还需要具有水文学、工程学、生物学、生态学、规划和通信等专业背景的人士的密切合作，其目标是规划和建造一个既能自我维持又不再面临受干扰危险的湿地。这将确保湿地在未来取得成功。

客提供解释性标志。

2012 年，林肯公园湿地恢复项目获得了美国海岸合作伙伴奖，以表彰该项目为恢复和保护国家海岸线作出的贡献。更重要的是，该地区曾经只是偶尔出现海鸥，现在已经是一片繁荣的湿地，目前在湿地内已记录了 12 种鱼类，以及包括白鹭和鱼鹰在内的 50 多种鸟类。其他野生动物也回到了湿地。曾经的垃圾场现在变成了徒步、骑行、垂钓、划船等休闲活动的场所。

美国复苏与再投资法案

美国前总统奥巴马（Barack Obama）于 2009 年 2 月 2 日签署了《美国复苏与再投资法案》，通常简称为"复苏法案"。该法案的目的是振兴美国经济并创造就业机会。当时美国正面临与大萧条相类似的经济危机。该法案内容包括"实现国家基础设施现代化、提高能源独立性、扩大教育机会、保护和改善负担得起的医疗保障，提供税收减免以及保护亟须援助的项目"。作为该法案的一部分，美国国家海洋大气局获得 1.67 亿美元用于沿海生境恢复，该项目有利于环境保护并提供了数千个就业机会。在美国国家海洋局收到的 800 多份提案中，有 50 个项目获得了资助，其中包括林肯公园湿地恢复项目。

湿地是怎么形成的

天然湿地的形成方式多种多样，其中有些是快速形成，而另一些则历时数千年才形成。在海岸线一带，河流下游的沉积物在河口附近沉积，形成滨海湿地。沉积物日积月累，最终植物在其中扎根。植物的生长进一步减缓了河水流出的速度，从而导致沉积物增加，湿地扩大。沉积作用也是沿河的洪泛平原形成湿地的原因。这些河岸湿地不断发生变化，变化方式取决于河流的路径，新的沉积物沉积，风暴对洪泛区及其植被的破坏等。

在美国东北部，在 9000 至 12 000 年前形成的许多湿地是由冰川引起的，因为它们拦截了河流，改变了洪泛平原，冲蚀了山谷。一些冰川融化，在地表形成洼地，其中一些洼地充满了水。其他自然力量也能够形成湿地。例如，河狸会堵住河流、溪流的出口，使河水淹没土地，形成新的湿地生境。风也可以在塑造洼地、形成湿地方面发挥作用；地震有时也会堵塞河流或造就洪泛低洼地带，形成湿地；地面塌陷沉降也可以形成湿地；海岸线、波浪和潮汐能够形成并重塑湿地。

水流移动沉积物，形成岛屿和
更高的河岸。

明尼苏达州格拉斯角

在大湖区，一些湿地被用作垃圾场。倾倒在明尼苏达州格拉斯角的垃圾不是来自城市，而是来自苏必利尔湖附近圣路易斯河沿岸的大规模伐木作业。格拉斯角是一个充满活力的海岸湿地，那里的原生草丛非常茂密，以至于19世纪该地区的探险者难以找到河道。但是在19世纪末和20世纪初，伐木公司迁入，该地区成了工业港口。到1890年，锯木厂环绕着港口而建。该地区的伐木时代一直延续到1918年，一场大火烧毁了这些工厂。虽然工厂已经不见了，但留下的木材和木材废料却没有移走。在有些地方，潮湿的木材铺满地面，深达4.9米，密不透风，严重影响了湿地的生境。

伐木是明尼苏达州的一个重要产业。一些伐木工人沿着海岸线留下了成堆的刨花，导致湿地生物透不过气。

俄亥俄州的弗纳尔德自然保护区曾经受到放射性废物的严重污染，但美国能源部经过努力清理，在 2006 年将其恢复。

在 20 世纪 90 年代, 私人和公共机构都启动了恢复格拉斯角湿地的项目。这包括用反铲挖土机移除 8400 立方米的木材废料并恢复天然河道。在沼泽上重新栽培本地灌木植物, 并种植本地树木。如今, 这里有一个木栈道和观景平台供游客游览, 游客还有可能瞥见现在生活在那里的数十种鱼类、鸟类和其他动物。

从纽约到佛罗里达, 直至旧金山, 全美甚至全球各地的垃圾场和垃圾填埋场正在转变为健康的、功能齐全的湿地。这些湿地已经从脏乱的有毒区域转变为繁荣的湿地生境, 养育着许多物种, 净化污水, 并充当暴风雨的缓冲区。这才是大自然原本的意义。

濒危的鹳

在印度和东南亚, 较大的成年鹳正在消失, 主要是由于这种鸟类赖以生存的湿地被破坏并逐渐退化。在 19 世纪, 鹳在该地区很常见。这种鸟高约 1.5 米, 翼展 2.4 米。它们曾经被认为是很丑陋的害鸟。它们的数量在 20 世纪急剧下降, 因为人们摧毁了湿地生境并砍伐了筑巢的树木, 直到这种鸟被列为濒危物种。很少有人关心鹳, 直到不同地区的人们开始出面努力改变公众对这种外貌丑陋的鸟类的看法。虽然仍有工作要做, 但人们的态度正在发生变化。正是由于这些努力, 鹳的数量正在增加。

南卡罗来纳州的康加里国家公园是茂密的硬木沼泽地。

第六章

滨海湿地

在美国大陆的湿地中，38% 是滨海湿地，占地约 1600 万公顷。这些湿地沿着海岸集水区分布，一直延伸至太平洋、墨西哥湾和大西洋。滨海湿地包含盐水和淡水的混合物，可以是潮汐湿地，也可以是非潮汐湿地，包括红树林沼泽、盐沼、淡水沼泽、浅沼泽和洼地硬木沼泽。

超过一半的美国人口居住在海岸或海岸附近，因此，滨海湿地被破坏的速度是它们被取代速度的两倍。2004 年至 2009 年之间，每年损失超过 32 000 公顷海岸湿地。城市发展、工业和商业活动都给湿地造成压力。农业和伐木业也同样造成了损失。气候变化、侵蚀、海平面上升和海岸风暴的变化进一步破坏了湿地。在公布了 1998 年至 2004 年湿地流失程度的统计数据后，美国环境保护局启动了滨海湿地计划。参与该计划的还包括美国国家海洋大气局和美国鱼类和野生动物管理局

马尼拉湾湿地

在菲律宾马尼拉,民众和当地政府都在推动在海湾地区开发土地并进行建设。这片 635 公顷的土地毗邻拉斯皮纳斯 – 帕拉尼亚克,后者已加入《拉姆萨尔公约》,是许多水鸟,包括黑翅长脚鹬和濒危的菲律宾鸭(如图所示)的栖息地。计划中的开发项目还将切断该拉姆萨尔湿地与马尼拉湾之间的联系,并在该地区修建道路。在民众和机构的共同努力下,开发计划未获批准,这片湿地安全了。

等其他联邦机构。它旨在更好地确认湿地的损失及其原因,确定恢复和保护的策略和工具,并教育人们认识湿地的价值以及如何防止湿地继续受到破坏。其他州和地方政府,以及公共组织和私人组织,也看到了保护和恢复国家沿海湿地的必要性,从而引发了全美各地的其他保护项目和保护活动。

生态海岸线

创造、恢复和保护湿地的工作需要许多不同的学科背景的人们共同努力,包括生物学和工程学。我们从成功和失败中吸取经验教训,从而改进工作方法。对于滨海湿地来说,最大的教训之一就是开发生态海岸线。过去,像护城墙和隔离墙等坚固的结构是用来巩固海岸线和防止侵蚀的。这些结构由水泥、混凝土或石头建造而成,在陆地和水之间形成一道屏障,不会随着季节或天气而改变。它们还能使强波浪偏转，巨大的波浪可破坏浅水植被，造成结构破坏，并导致下游侵蚀更严重。

而生态海岸线则是利用天然材料和当地植被形成的海岸线。这种生态海岸线很坚固，能够适应不断变化的环境。它们不仅创造了湿地生境，还创造了自然减缓侵蚀的海岸线，充当了抵御破坏性风暴的缓冲区。生态海岸线形成平缓的陆地斜坡，逐渐延伸至水里。这种结构吸收波浪能量而不是使其偏转，从而减少了洪水。由于沼泽截留了沉积物，它们的海拔将越来越高，从而使其不受海平面上升的影响。此外，这些生态海岸线为鱼类创造了栖息地，这对许多依赖渔业获得收入的沿海居民来说是弥足珍贵的。

美国一些大城市是建立在湿地之上的。其中包括华盛顿特区、旧金山和波士顿等。

将滨海湿地作为碳汇

湿地最重要的功能之一是吸收和储存碳。这对于一个交通、商业和工业碳排放不断增加的时代尤为重要。滨海湿地的高产植物包括沼泽和红树林沼泽的植物，在光合作用过程中高效吸收大量的二氧化碳。其中一些碳通过植物的呼吸作用被排放到大气中，其余的则储存在湿地植物的体内。

此外，当含碳的枯叶、枯根和枯枝被埋入土壤中时，碳就会被储存在土壤里。潮湿环境中氧气的匮乏导致湿地的土壤分解非常缓慢。滨海湿地捕获的碳称为滨海蓝碳。滨海湿地的消失使人们不仅担心失去可以吸收和储存碳的植物，还担心当湿地被破坏时，储存的碳也会被排放回大气中。

排放二氧化碳

吸收二氧化碳

湿地

土壤

船、汽车、飞机和工厂都排放二氧化碳。滨海湿地吸收并储存这些碳。

海岸带管理法

随着人们对滨海湿地消失的认识日益加深，美国国会于1972年通过了《海岸带管理法》，以应对包括五大湖在内的沿海地区的开发和发展所面临的挑战。该法案的目标是"保存、保护、开发和在可能的情况下恢复或增加美国沿海地区的资源"。根据该法案，由美国国家海洋大气局监管的海岸带管理项目在联邦政府和州政府之间建立了合作关系，以便在对沿海资源、经济发展和环境保护等各种相互制约的需求之间找到平衡。

切萨皮克湾位于弗吉尼亚州和马里兰州东海岸外，它证明了生态海岸线具有积极影响。切萨皮克湾本身在美国历史上发挥了关键作用。17世纪初，一批移民从英国来到美国并建立了切萨皮克殖民地。从那时起，该海湾及其周围的土地就成了狩猎、捕鱼和农业的重要场所。然而今天，切萨皮克湾面临着包括污染、过度开发和气候变化等诸多问题。

为解决这些问题所采取的措施之一是设立生态海岸线，并建造盐沼。这些沼泽将有助于恢复切萨皮克水域的自然功能，并为许多物种提供适宜的栖息地。在此之前的一个多世纪，人们已经建造了超过1600千米的硬结构，试图抵挡潮汐和阻止侵蚀。2008年，马里兰州首度将在陆地和水域过渡区建造这种硬结构认定为违法行为，除非建造者能证明采用软结构行不通。美国自然资源部海岸线保护服务局也在进行抗侵蚀项目研究。其中一个项目

切萨皮克湾周围有
60 万公顷的湿地。

59

托马戈湿地恢复

在澳大利亚，将托马戈湿地恢复为健康的、功能正常的潮汐湿地的努力赢得了国际关注和一些环保奖项。该地区以前的水体是橙色的酸性水，很不健康。修复工程结合了工程方案和管理措施，以适应湿地的需要，并进行水位监测。设置了防洪闸和渠道来调节进入该地区的潮汐水量。这为盐沼植物的生长和繁荣提供了理想的水位。在打开一些防洪闸后的 3 周内，水质转好，鸟儿又回到了这个地区。该项目重建了超过 400 公顷的盐沼湿地，为鸟类和其他物种提供了栖息地，并改善了水质。

我们正试图改变人们对如何利用海岸线的看法。做对海湾有益的事并不一定要牺牲人们对财富的追求。

——萨勃拉曼尼亚（Bhaskar Subramanian），马里兰海岸线保护服务局局长，2016 年

就在切萨皮克湾环境中心外开展。工人们沿着海岸种植沼泽植被，然后小心翼翼地建造防波堤，以最大限度地保护植被免受海浪的侵袭。他们在近海建造了一个牡蛎壳礁，以进一步减缓海浪的冲击。在十年的时间里，经过缓冲的水流在海滩上沉积了沙子，沼泽也得到了扩张。该地区的其他实验区也在积累沉积物，其中一些地区的动物物种和数量正在增加。海岸线保护服务局继续开发新方案，以帮助保护该地区 11 000 千米的海岸线。此外，还持续通过教育途径使土地所有者相信，设置生态海岸线是解决海岸侵蚀问题的长期有效办法。

路易斯安那州滨海湿地

美国路易斯安那州是另一个滨海湿地损失和退化十分严重的地区。事实上，过去的几十年内，全美损失的湿地，80% 位

于路易斯安那州。那里每年损失 104 平方千米湿地。如果人们不采取行动减缓或阻止湿地的流失，到 2040 年，路易斯安那州的海岸线在某些地方将向内陆移动超过 48 千米。部分湿地的流失是自然原因造成的。然而，在过去的几个世纪里，人类活动将这种损失加速到当前令人震惊的程度。

路易斯安那州沿海的湿地和沼泽是美国最易受影响和最有价值的湿地之一，它们不仅对休闲和农业至关重要，而且每年为该州贡献超过 10 亿美元价值的海鲜产品。

——威廉姆斯（S. Jeffress Williams），美国地质调查局

在健康的、功能正常的湿地中，顺流而下的沉积物被减缓并沉积下来。为了开发路易斯安那州海岸，人们建造了防洪堤来阻挡洪水。然而，防洪堤也阻挡了沉积物，使湿地失去了宝贵的物质和营养。沉积物不是沉积在湿地中，而是被排放到远离海岸的地方。疏浚运河以改善航运也破坏了路易斯安那州的湿地，使咸水进入淡水沼泽。在开发过程中，湿地的填塞和排水也同样造成了湿地的流失。

最后，在 1990 年，联邦颁布法规，认可并资助路易斯安那州滨海湿地的恢复工作。《滨海湿地规划、保护和恢复法案》每年的预算总额达数千万美元，用于支持长期保护的项目，包括创建和恢复沼泽、恢复自然水文、种植原

2005 年，卡特里娜飓风显示了湿地被破坏的后果。湿地被破坏意味着抵御飓风的天然屏障被破坏，这导致路易斯安那州和密西西比州发生特大洪水，数百人死亡。

路易斯安那州新奥尔良的防洪堤是为了防止洪水侵入城市而建造的，但有时也
会因暴雨而漏水或决堤。

生植被和巩固堤坝。自 1990 年以来，已有 200 多个项目得到资助，有 404 平方千米的滨海湿地受益。

此外，2017 年 4 月，路易斯安那州更新了一项全面的、积极的海岸恢复和加强飓风防护计划。在 2017 年的计划中，有包括建设沼泽在内的 76 个海岸修复项目。这些项目的目标是使路易斯安那州在 50 年内增加约 2000 平方千米的滨海湿地。这些项目是不同领域的科学家和工程师共同合作，结合有效的政策和资助，恢复和保护滨海湿地的成果范本。

意外形成的湿地

科罗拉多河曾经有充足的水力资源，它发源于落基山脉的高处，止于墨西哥湾。如今，由于过度使用、修建水坝和引水，科罗拉多河通常不会一直流至墨西哥湾，导致三角洲的大部分地区干旱贫瘠。然而，在墨西哥的 Ejido Luis Encinas Johnson 社区附近，有一片名叫 La Ciénega de Santa Clara 的绿洲。该湿地是整个流域最大的湿地之一，总面积达 1.6 万公顷的沼泽和泥滩孕育了许多鸟类。但是这片湿地的形成是一个意外。20 世纪 60 年代，墨西哥向美国抱怨说，科罗拉多河流过来的少量河水与来自北方的咸水混合在一起，会把庄稼咸死。作为回应，美国政府修建了一条 97 千米长的运河，以防止农业雨水与河流混合，并将农业雨水排放到三角洲。这样，湿地就形成了。湿地植物比农作物更能忍受咸水。如今，这块湿地滋养了 280 种鸟类和无数的其他动植物。

大沼泽地国家公园是美国一个国家级
湿地公园。

第七章

美国国家公园

在美国，国家公园管理局负责保护国家的自然和文化资源，供人们娱乐、教育学习和获取灵感。如今，国家公园管理局管理着超过 650 万公顷的各种类型的湿地，包括木本沼泽、盐水沼泽、淡水沼泽、泥炭沼泽、浅沼泽等。为了保护这些资源，它制订了强有力的政策和办事程序。

波可辛浅沼泽国家野生动物保护区

由美国鱼类和野生动物管理局管理的国家野生动物保护区也保护着美国的湿地。其中之一便是北卡罗来纳州的波可辛浅沼泽国家野生动物保护区。该保护区成立于 20 世纪 90 年代初，旨在保护被称为波可辛的独特浅沼泽湿地。波可辛浅沼泽位于美国东南部，随着时间的推移，波可辛浅沼泽积累了大量有机物质，这使得土壤呈明显酸性。在该野生动物保护区，游客可以观察鸟类，跟随解说标志的指引沿着木栈道散步，观察野生动物，了解独特的浅沼泽生态系统。

贾科米尼湿地恢复

数千年来，狭窄的托马莱斯湾南端，也就是旧金山北部，是一片由潮汐沼泽和泥滩组成的富饶湿地，是众多湿地物种和沿海的米沃人的家园。19 世纪，欧洲移民来到这里，发展了繁荣的乳制品工业。20 世纪 40 年代初，贾科米尼家族买下了海湾南端的奶牛场。不久之后，在美国陆军工程兵部队的支持下，海湾尽头的湿地被大量挖掘，为牛群开辟出更多的牧场。该地区还修建了公路和铁路，将小溪与天然洪泛区分开，改变了该地区的水文状况。其他方面发展也加重了海湾的污染。

早在 20 世纪 60 年代，当地的人们就开始了保护该地区的运动。随着雷斯岬国家海滨公园的建立，成千上万英亩的土地被抢救回来，不再开发。然而，仅靠保护还不能完全解决问题。我们还需要修复土地。2000 年，贾科米尼家族将土地卖给

帕森斯（Lorraine Parsons）（左）是一名湿地生态学家，她参与研究了贾科
米尼的这片土地。

西非的成功故事

辛河和萨卢姆河在西非交汇的地方是一个方圆 1800 平方千米的三角洲，由浅水小溪、潟湖和红树林组成。该地区的许多居民靠渔业和农业为生。然而，自 1950 年以来，由于不可持续的伐木和道路建设，该三角洲地区超过 25% 的红树林已经退化。这不仅损害了农业用地，而且导致鱼类数量大幅下降。2013 年，该地区的各级管理者聚在一起开展行动。这不仅涉及执法和种植红树苗，还涉及改变村民的观念以及捕捞鱼类和牡蛎的方式。村民们不再为了捕获野生牡蛎而毁坏红树林。现在他们收集幼小的牡蛎并自己培育。"达喀尔人听说我们在种植红树林和养殖牡蛎时，以为我们疯了。现在他们看到了我们从中得到的好处，就不再嘲笑我们了。"该村的管理者迪乌夫（Ramatoulaye Diouf）说。

了美国政府用于恢复湿地。国家公园管理局及其合作伙伴共同开发了一个项目，计划在现有水文环境下恢复湿地。他们希望湿地能够自然且持续地发挥作用。经过 10 年的科学分析和规划，耗资 1000 万美元，终于完成了修复工程。

该项目的大部分内容涉及拆除堤坝、涵洞和其他的牧场配套基础设施。填塞排水沟、重建潮汐沼泽和小溪，将小溪改道回归原来的路径。其计划是在水文环境恢复之后，让大自然自行恢复沼泽。

这个由许多机构和志愿者组成的项目团队使用重型设备和铲子开垦土地，并种植当地的植被。最后，在 2008 年 10 月 25 日，就在最后一道堤坝被拆除、海湾的水流回到该地区之前，那些为完成这项工程付出了如此长时间和艰辛努力的人们感到了希望和鼓舞。当天下午 1 点 25 分，堤坝被拆除，水流涌了进来。

在未来几十年内，虽然 227 公顷湿地的全面恢复难以实现，但是监测工作将继续进行。然而，仅仅几年之后，变化就已经很明显了。鸟类，甚至秃鹰都回来了，水獭回来了，受到威胁的联邦保护动物加利福尼亚红腿蛙也回到了这块湿地。随着时间的推移，牧草逐渐被盐沼植物所取代。

一旦我们把水引进去，湿地就会自发重建。我们在其他地方见过这种情况，在这里也会发生同样的情况。

——诺伊巴赫（Don Neubacher），雷斯岬国家海岸公园管理员，关于贾科米尼湿地项目的评论，2008 年

横跨公园的湿地

在美国，还有许多其他国家公园用于保护湿地。黄石、凯霍加山谷、迪纳利甚至死亡谷都有湿地。自 20 世纪 90 年代以来，美国国家公园管理局一直在"湿地不净流失"政策的指导下运作。这将使美国国家公园管理局管辖下湿地所受的负面影响降到最低。然而，在许多地方，土地被纳入国家公园体系之前已被人为改变，造成了数千公顷湿地的损失或破坏。在这些情况下，公园管理局致力于恢复湿地，就像贾科米尼牧场的项目一样。科德角国家海岸、雷德伍德国家公园、印第安纳沙丘国家湖岸等，都采取过所有类型的湿地恢复措施。

圣克鲁斯岛是位于加利福尼亚海岸外的海峡群岛之一，在 19 世纪初曾有一小段时间建造了许多监狱。在 19 世纪末，牧场主们在监狱港

濒危物种

国家公园保护着重要的生境和生活在其中的物种。在全美范围内，国家公园是许多濒危和受威胁物种的家园。例如，佛罗里达大沼泽地是一个面积约 60 万公顷的复杂湿地生态系统。大沼泽地是许多濒危或受威胁物种的家园。濒危物种是正在面临灭绝危险的物种，包括西印度海牛、棱皮龟和佛罗里达带帽蝙蝠。那些极有可能成为濒危物种的物种被称为受威胁物种。在大沼泽地，受威胁物种包括美洲短吻鳄、美洲鳄、斯托克岛树蜗牛和木鹳等。

定居，他们填平了大部分湿地，破坏了候鸟和野生动物赖以生存的栖息地。美国国家公园管理局于 2004 年开始恢复该湿地的自然状态，移除了 7700 立方米的建筑材料，重新将一条小溪与天然洪泛区连接起来，并种植了本地植物。

在加利福尼亚州内华达山脉南部的红杉国家公园，美国国家公园管理局修复了另一种湿地。在 20 世纪初，霍尔斯特德草原的山地湿地被用来放牧牲畜，破坏了植被，雨水冲击形成的沟渠排干了湿地的水。此外，1934 年修建了一条横穿草地的公路，进一步改变了这里的水文环境，导致生境分裂。从 2007 年开始，人们填补了沟渠，并对高处的草地采取控制自然侵蚀措施。种植本土湿地植物 5.3 万余株。2012 年，一座横跨整整 8.5 公顷湿地的桥梁建成。旧公路被封闭了，低处的草地开始恢复，最终两个草地重新连接起来。到 2015 年，整个霍尔斯特德草原恢

游客可以一边在圣克鲁斯岛的监狱港徒步旅行，一边欣赏湿地的美景。

湿地恢复的形式

湿地保护与恢复有多种形式。湿地恢复使湿地生态系统接近于它被破坏前的样子。湿地恢复包括重新引进当地的动植物，重建该地区的自然条件，并注意将湿地与其周边的生态系统整合起来。在某些情况下，这涉及改良湿地，即改变湿地以提升其功能作用。有些修复项目则需要将湿地从一种类型转变为另一种类型。这类恢复方式可确保不会造成湿地的净损失。有时，通过建造一些水循环系统，引进本地湿地物种，可在以前没有湿地的地方创建新的湿地。

复到受损前的功能。美国国家公园管理局的工作还包括将位于怀俄明州大提顿国家公园的一个古老的砂金矿废物堆改造成24公顷湿地，恢复了位于摩尔斯溪国家战场的宝贵的湿松稀树大草原湿地，并还原了佩科斯国家历史公园的河岸湿地的天然功能。

驼鹿是沿着大提顿国家公园
的通道造访湿地的众多物种
之一。

通过精心规划建造湿地。

第八章

人工湿地

许多湿地保护工作的重点是恢复和保护，也有许多项目的重点是建设新的湿地。人工湿地是遵循零净损失政策，为弥补天然湿地的损失而建立的人造生境。在某些情况下，它们被用作天然的水处理系统。

天然的净化系统

健康、有效的湿地天然具有过滤和清洁水的功能。随着人们逐渐认识到湿地的这一宝贵功能，科学家和工程师共同努力，利用湿地植物、土壤和微生物创造了像湿地一样具有天然水处理功能的系统。现在，人工湿地被用来处理农业、工业和城市地区排出的污染物径流。

农业和湿地

富营养的径流是农业生产的副产品。过剩的营养物质，包括磷和氮，可以通过湿地进行中和，再汇入下游水源地。一些专家正在与世界各地的农民合作，使他们认识到在自己的农场上建设或恢复湿地的重要性。湿地将改善水和土壤质量，同时也会吸引蜜蜂和蝴蝶等传粉昆虫。利用湿地来清洁水源可以节约农民生产成本，也有益于农作物。

人工湿地在处理废水方面比传统的水处理设施有更多优点。首先，用混凝土、钢筋和其他材料建造污水处理厂的成本远远超过建造湿地的成本。其次，湿地不需要额外的技术或技术升级，相反，湿地所依靠的技术是湿地植物和微生物，它们能够自然繁殖。最后，人工湿地的维护成本低于传统设施。人工湿地几乎没有能源成本，没有建筑维护成本，没有持续的劳动力成本，也不需要新的补给。最重要的是，这些功能健全的湿地成为了支持生物多样性的繁荣生境。

建设湿地要考虑很多因素。大多数人工湿地都建在高地和洪泛区之外，以避免干扰附近天然湿地的功能。新湿地的选址和功能设定，必须考虑到周边地区的整体水文条件，还需要考虑新湿地如何适应环境。同样，大多数人工湿地也需要建造水流控制设施，以应对湿地中水深和水流的变化。然后，科学家们研究土壤和本地物

佛罗里达的暴雨水处理区（STA3/4）是世界最大的人工湿地。

利用湿地净化污水

人工湿地背后的科学道理很简单：让大自然做它最擅长的事。虽然一些人工湿地可能涉及水泵、过滤器和其他基础设施，但大部分工作是由自然系统完成的。在北卡罗来纳州沃尔纳特科夫的污水处理设施中，污水首先被泵入第一个湿地蓄水池，然后在重力作用下，水慢慢流入第二个蓄水池。两个蓄水池都有曝气装置，曝气装置将空气引入水中，为微生物提供氧气，使微生物能够分解固体废物。分解后的物质最终会沉淀到池塘底部。

当水流经浮萍和香蒲时，会被进一步过滤，这些天然湿地植物会吸收水中的营养物质。接下来，水经过过滤器滤除残留的植物成分后，流入下一个蓄水池。然后，向水中通入氯气以杀死水中残留的有害细菌。最后，将水暴露在二氧化硫气体中，二氧化硫气体可以中和水中残留的氯气。经过大约60天的人工系统处理，纯净、清澈的水便可回归天然水道，流入下游。

氧气被灌入湿地的蓄水池中，有助于分解废物。

欧洲已经建造了多达5000个人工湿地，美国目前大约有1000个人工湿地正在运作。

种，特别关注当地受威胁和濒临灭绝的物种，以避免破坏栖息地。他们还制订了长期维护和监测计划。随着美国和世界各地人工湿地数量逐渐增加，科学家和工程师需要不断学习和收集有关建造湿地的信息。

北卡罗来纳州沃尔纳特科夫

1994年，北卡罗来纳州格林斯伯勒西北部的沃尔纳特科夫小镇需要维修废水处理设施。然而，这座拥有1400名居民的小镇却被耗资200万美元的升级工程压得喘不过气来。幸运的是，斯马特（Wayne Smart）提出了另一种处理废水的方案——建造人工湿地。政府决定采纳斯马特的建议，并于1996年建成湿地。该系统由几个占地8公顷的湿地池塘组成。随后的几十年里，这个系统被证明可有效运行。它将洁净、清澈的水排入汤福克溪，还为许多哺乳动物、两栖动物、爬

人工湿地的历史

60多年前，德国科学家塞德尔博士（Dr. Käthe Seidel）率先尝试建造湿地处理废水。第一个人工湿地实验开始于20世纪50年代，到20世纪60年代建成完整的系统。在接下来的几十年里，这项技术逐渐引起了欧洲、北美和澳大利亚的关注。随后，在20世纪90年代，人工湿地技术和数据得到了改进，信息传播更加迅速。随着时间的推移，湿地处理废水的有效性得到了证实，这使得世界上人工湿地的数量越来越多。

行动物和鸟类提供了栖息地。

此外，用人工湿地替代传统的水处理设施可节约成本。沃尔纳特科夫小镇建造湿地只花了 60 万美元。每年的维护费用平均不到 2.5 万美元，而且现场只需要一名管理人员，每天大约工作两小时。2016 年，沃尔纳特科夫湿地水处理机构举行了 20 周年庆典。在 20 世纪 90 年代，人工湿地还是一个相对较新的概念，但使用人工湿地处理废水的做法却越来越受欢迎，美国各地的城镇都建造了更多的湿地来处理水。

意大利

人工湿地也出现在欧洲各地，它们处理废水的有效性得到了证实。一项研究表明，这些湿地还可能成为生物多样性的热点。这项研究关注的是 2004 年在地中海的意大利撒丁岛建造的一个湿地，名为滤液生态系统（ESF）。建造这片湿地是为

这是本州以前没有人听说过的事情。很多人都说我疯了。

——斯玛特，北卡罗来纳州沃尔纳特科夫市的市政专员，关于利用人工湿地处理废水提案的评论

废弃的煤矿

宾夕法尼亚州数以千计的废弃煤矿正在向附近的水道和地下水泄漏高浓度的铁和锰，污染了 4800 千米的河流。在 1977 年开始实施污染物控制之前，废弃矿山的所有者不须对污染物负责。因此，该州政府只好承担起抽水和污水处理的责任和成本，这项工作最终可能会耗资 50 多亿美元。2016 年，政府官员开始考虑使用人工湿地来处理污水。将受污染的水泵入蓄水池，铁会沉淀下来，然后被滤去，而细菌和其他微生物会过滤掉锰。一个完善的湿地可使水的含铁量降低 77%，含锰量降低 95%。人工湿地也可用于净化仍在开采的矿井产生的废水。

位于加利福尼亚州阿卡塔的阿卡塔沼泽和野生动物保护区既是废水处理设施，也是包括小黄脚鹬在内许多物种的栖息地。

了过滤处理过的废水，以帮助减少地中海盆地的污染物。面积约37公顷的ESF是为了过滤和净化排入公园淡水池塘的废水而建造的，尽管它位于莫林塔吉斯盐碱滩地区公园内，但是四周却被不断开发的城区所包围。

在湿地建设完成之后，研究人员持续监测湿地内植物的生长状况，并收集数据。从2005年到2013年，植被持续生长，几乎是在湿地建设之初便开始生长。植物种类也在增加，平均每年增加14%。到2013年这项研究的最后一年，研究人员已经记录了275种不同类型的湿地植物，其中 6% 是受保护的物种。虽然有一些外来物种入侵，但它们对本地物种似乎没有负面影响。人工湿地为解决水质问题提供了一个天然的解决方案，同时也提高了生物多样性。

在世界范围内，人工湿地为处理受污染的径流和废水提供了低技术含量的解决方案。这些湿地有助于保护环境，支持生物多样性，是朝着创造可持续发展的未来迈出的一步。

生态岛

成功地帮助恢复濒死湖泊的一个工程项目是创建漂浮的湿地岛屿。这些人工岛屿是由回收塑料制成的筏子，小的像门垫，大的像足球场，上面覆盖着土壤和植物。随着时间的推移，植物逐渐长大，它们的根延伸到湖底。微生物也在这些岛屿上繁衍生息。微生物消耗掉过量的氮和磷污染物，把这些污染物转化为危害较小的物质。这些岛屿还可以过滤其他污染物，自然而然净化了湖水。浮岛国际的创始人兼研究部主任卡尼亚（Bruce Kania）说："生态浮岛是一种密集的湿地系统，本质上是模仿天然湿地的生态效应。"

美国海军陆战队使用两栖突击车清除夏威夷
湿地上的入侵物种，使本土植物得以生长。

第九章

湿地保护的未来

几十年的湿地修复和保护工作给我们带来了许多经验教训。有些经验是通过犯错误而得到的，有些是成功之后得到的，还有一些是通过恢复、建造和保护湿地的研究实践而获得。所有的经验教训都将为全世界未来的湿地保护工作提供指导，以便进行决策、长期规划、资助和实施。

经验教训

随着时间推移，人们开始关注生境连续性的重要性。几十年的湿地破坏和退化导致湿地分裂成较小的、孤立的生境碎片。然而，新的研究焦点不仅集中在停止这种分裂，还需要重新连接生境。较大的生境才能满足依赖湿地进行繁殖、迁徙、运动和能量补给的物种的需要，才能养

育更多、更健康的鱼类、陆地动物和植物。

许多动物，如乌龟和蜻蜓，只在湿地度过部分时间。这些动物需要一些湿地生境与地势较高、较干旱的高地生境相连接。连续的生境有助于防止海龟和其他迁徙动物在从旱地到湿地迁徙的过程中被汽车撞到。

研究还表明，人工湿地或修复湿地基本不能达到原生的、未受干扰的湿地的生物多样性和功能水平。即使在 100 年后，恢复后的湿地仍然与原来的湿地不同。加州大学伯克

健康的湿地有助于蜻蜓等脆弱生物的繁衍。

利分校的研究人员进行的一项研究显示，恢复后的湿地原生植物种类减少了 26%。同样令人担忧的是，这些湿地的含碳量减少了 23%，这表明它们吸收碳的效率较低。研究人员警告说，湿地的排空和开发会将所有储存的碳释放回大气中。然而，许多开发商仍然在"零净损失"政策下进行开发，这导致了美国各地的湿地持续被破坏和退化。当然，这让人们对这项政策产生了怀疑，立法者必须解决这一问题，以避免未来湿地遭到破坏，还应鼓励进行长期保护。

威斯康星大学麦迪逊分校植物园的另一项研究聚焦于设计 3 个相同的湿地，以调查植被如何吸收和净化径流。这 3 个湿地都种植了相似的植被，并从邻近的池塘引入等量水。研究人员预计这 3 个湿地 3 年后会有类似的发展，但事实并非如此。其中以香蒲为主，植物体积最大的湿地在减缓洪水或控制侵蚀方面效率却很低。另外两个湿地的植物多样性比较高，净化效率也较高，但它们的植物产量却不高。研究人员认为这是由于第一个湿地的土壤层厚度与其他两个湿地相比略有不同。

从这些意想不到的结果，以及该领域其他修复湿地项目的结果中，我们得到的教训是：人类无法完整重建一个功能齐全的湿地。这提醒我们，有必要制订政策，保护湿地和避免任何破坏或损失。对于已经需要重建的地方，科学家认为，项目规划者应该把重点放在项目的一两个关键目标上，让大自然来完成剩下的工作。如果规划人员想要改善水质，设计项目时应把这一目标放在首位。这是一个重要的教训，尤其是考虑到美国政府每年需要拨出数十亿美元资助湿地恢复项目。例如，如果投入90%的工作用于恢复红树林沼泽，结果却失败了，这将损失一大笔钱，这笔钱原本可以用来进行确定有效的保护工作。

伊拉克的一个项目表明，集中精力实现一个关键目标，其余工作由大自然来完成，可以取得更成功的结果。20世纪下半叶，伊拉克南部大约90%的沼泽地被毁。21世纪初，一项项恢复该地区水文的工程接踵而至。底格里斯河和幼发拉底河的水被重新引流到该地区。沼泽地重新繁盛起来。不久，居民们又回来捕鱼、饲养水牛、用沼泽地的芦苇编织草席。每一个湿地项目都新增了一些保护湿地生态系统的经验，这些经验在工作人员之间交流分享，最终将成为未来湿地恢复项目的参考。

美国农业部探索湿地项目

2017年初，美国农业部再次呼吁为湿地保护项目提出建议。美国农业部拨付了一笔高达1500万美元的预算，用于保护、恢复和改善农业用地内的湿地。土地所有者可以通过美国国家自然资源保护局登记他们的财产，并获得保护湿地的技术和财政援助。

旧金山湾 50 年项目

随着旧金山湾地区的开发，该地区的湿地面积不断缩小。事实上，城市化的直接结果是，这个海湾失去了 85% 的天然湿地。为了应对这一损失，南湾盐池修复工程于 2008 年启动。该项目是西海岸最大的潮汐湿地恢复项目，50 年内的目标是把 6000 公顷的前工业用地恢复成繁荣的潮汐沼泽。这一修复工程不仅将创造一个重要的湿地生境，而且将改善水质，提供休闲场所，并起到防洪的作用。

为未来筹划

美国各地都在开展一些规划项目，包括恢复密西西比三角洲，保护切萨皮克湾及其周围的土地，以及保护旧金山湾湿地。所有这些努力都是州、地方和联邦机构以及非政府组织、志愿者和其他生态环境保护者之间协同合作进行的。它们不仅依赖政策和资金，而且，正如过去的案例和目前的研究表明的那样，还依赖于战略上的长期规划和监测，以确保保护工作取得成功。

佛罗里达大沼泽地的情况就是如此。大沼泽地位于佛罗里达半岛南端，有沿海的红树林、沼泽和松林。该地区还养育着数千种动植物。然而，从 19 世纪后期开始，该地区的居民开始修建运河和堤坝排水，以便将土地用于农业和城市发展。这种情况持续了 70 年，导致沼泽地面积减少了 50%，并形成了一个个分裂的、易受干扰的生境网络。结果，大沼泽地失去了

90% 的涉水鸟类，其他物种的数量也锐减。最后，在 20 世纪 80 年代，大沼泽地的恢复工作开始了，重点是在佛罗里达南部复杂的水管理系统的背景下重建更多的自然水文。1999 年，《大沼泽地综合修复计划》（CERP）提交给国会，并于 2000 年获得批准。其目标是在 2035 年完成修复。这是美国历史上最大的环境恢复项目之一。CERP 包括 50 多个项目，其中许多项目相互关联，所有这些项目的目的都是恢复到大沼泽地的最佳生物量、最佳质量、最佳物候和最佳水流分布。经过十多年的项目运作，虽然进展缓慢但运行稳定。资金仍然是一个越来越严峻的问题，气候变化和海平面上升也成为问题。CERP 项目将使用最新的气候科学技术重新评估和修订。正如大沼泽地项目所体现的，湿地保护不仅依赖于对湿地所面临的问题的认识，而且还依赖于长远的愿景和资金供应。

对未来的规划还包括理智的、低影响的开发。这种开发方式不仅可以在建设阶段节省资金，而且还可以维护自然湿地功能，从长远来看可以为环保团体节省资金。传统的雨水管理通常意味着建设沟渠、下水道、管道、路沿和排水沟等复杂基础设施。然而，低影响的开发考虑了当地的自然水文，使湿地

20 世纪 70 年代，美国曾计划在佛罗里达州南部的湿地上修建一个超过 100 平方千米的机场和交通枢纽，这会进一步干扰大沼泽地的水流。在一些环保积极分子的努力下，通过进行首次环境影响研究，这些计划最终被叫停了。

合理利用

每个修复的湿地或人工湿地项目都有其独特的特点，需要在经济、环境和社会因素之间取得平衡。拉姆萨尔湿地公约认识到这一点，并支持在湿地项目中合理地使用湿地。他们建议的做法包括在地方、州和联邦主体之间建立合作关系，编制湿地生物多样性清单，以及对湿地的使用可能产生的影响，制订长期可持续发展计划，并监测湿地的一切变化。

能够继续提供清洁的空气和水，并作为抵御洪水和风暴的天然缓冲区。

更重要的是，生态系统得到了保护。正如哈德孙河口项目生物多样性拓展协调员海蒂（Laura Heady）所说："我认为，如今，无论是公民、土地所有者、规划师、开发商还是政策制订者，都有机会利用这些知识。你知道吗，我们现在知道了，湿地是很重要的。"

个人能做什么？

湿地保护并不局限于大型组织和政府机构。个人在帮助保护和恢复湿地方面发挥着至关重要的作用。第一步是教育，人们越了解和尊重湿地的价值，保护湿地的力量就越强。人们可以通过口耳相传，张贴海报，甚至组织活动来宣传湿地保护。个人可以直接采取行动帮助湿地保护，发起或参与当地的湿地清理工作。人们可以举报他们目睹的任何威胁湿地的非法

湖滨河公园保护协会等组织沿着圣迭戈河建设湿地，以帮助控制洪水，并为许多物种提供栖息地。

活动，如投放垃圾、伐木或填埋。改变个人习惯也有利于湿地健康。这包括正确回收有害物质，购买可持续养殖或捕捞的鱼和肉，使用不含磷的洗涤剂，在家里使用无毒产品清洁家居以及种植园艺。另一种参与方式是与当地推广湿地保护的组织联系。2月2日的世界湿地日和5月的美国湿地月为个人彰显湿地价值和参与保护提供了许多机会。

在过去几十年有关湿地保护的经验教训中，最有价值的也许是个人在启动、支持、发展、完成和监察保护计划方面所担当的角色。正如纽约大都会保护联盟创始董事克莱门斯（Michael W. Klemens）所

人们自发拔除入侵物种，并做其他工作来保护湿地。

说："保护我们的环境遗产和管理湿地是每个人的事。"如果不是有人对湿地保护有想法、有希望，然后和其他有奉献精神的人合作，那么世界上成千上万的项目就无法完成。

美国湿地月

自 1991 年以来，5 月便成为美国湿地月，旨在彰显湿地的价值并吸引全美民众对湿地的关注。在这个月，许多组织通过会议、研讨会和其他项目向公众宣传湿地价值。此外，还鼓励市民参观本地湿地，以了解该栖息地的生物多样性，也号召人们采取行动，保护和恢复湿地。

湖泊的所有者可以创建湿地，防止雨水流入湖中，这有助于防洪。

97

因果关系

水质差

湿地被填埋
或被排干

侵蚀和洪水

湿地被用作垃圾
场以及被污染

减少二氧化碳
的吸收

美国失去了
50% 的湿地，
全球损失了
60% 的湿地

生境和生物多
样性的丧失

经济损失和休
闲场所减少

气候变化导致
海平面上升

人类团结
在一起

保护并维系 → 激励土地所有者

保护并维系 → 保护湿地的法律

调查研究

项目工程 → 计划保护项目

项目工程 → 建设湿地和恢复水文

教育 → 清除垃圾

原生植被

基本事实

正在发生的事

湿地正在退化和破坏，导致湿地的水文受影响，湿地滤水和固碳的天然功能丧失，湿地无法起到防洪和抵御风暴的作用。这种生态系统的丧失和退化也对原生湿地物种产生了负面影响。

原因

许多湿地被填平或排干，以支持农业或经济发展。有些湿地则由于农业、交通、商业和工业产生的有毒物质径流而受到污染，有些则被简单地用作废物填埋场和污水排放地。还有一些湿地由于开发而支离破碎，导致其功能和水文发生变化。气候变化和海平面上升也是湿地流失和退化的原因之一。

核心角色

- 人类对湿地的破坏负有主要责任。
- 过量碳排放导致的气候变化也对湿地产生了负面影响。
- 世界各地的组织都在努力保护湿地。

修复措施

1971 年签署了第一个国际湿地保护公约《拉姆萨尔公约》，为所有参与国采取行动、合理地使用和保护湿地提供了框架。还有一些政策法规旨在保护和恢复湿地。此外，自然资源保护局鼓励土地所有者保护和修复私有的湿地。还有一些组织、社区和个人致力于保护、恢复和建设湿地，科学家和工程师正在研究湿地保护的最佳方案。

对未来的意义

保护湿地对环境的整体健康以及原生物种的保护至关重要，保护湿地有助于为全人类创造一个可持续发展的未来。

引述

有些人没有野生动物也能生活，有些人则不能。正如风和落日一样，野生动物早已是大自然的一部分，直到所谓的进步开始令它们无处容身。

——利奥波德（Aldo Leopold），环保人士、作家、生态学家

101

专业术语

泥炭沼泽

一种富含酸性水，生长着许多植物，积累了大量泥炭的湿地。

洼地

一种地势低洼的土地，通常在水道附近，并受到周期性洪水的影响。

碳汇

有机碳吸收超出释放的系统或区域。如大气、海洋等。

地役权

为特定目的而使用他人土地的合法权利，该土地的所有权仍属于原所有者。

矿质泥炭沼泽

低洼湿地，大部分被水覆盖；矿质泥炭沼泽的酸性低于泥炭沼泽。

河漫滩

与易受洪水侵袭的河流相邻的土地。

水文学

研究水是如何相对于周围的土地运动的科学。

低氧

氧气不足。

堤坝

为防止水流入某一地区而建造的人造堤防。

沼泽

一种低洼湿地，可分为潮汐湿地和非潮汐湿地，在涨潮或潮湿季节被洪水袭击。大多数沼泽长期被水浸泡。

河岸、河滩

季节性湿地，在一年中的某些时候出现，其余时间干涸。

浅沼泽

一种在平坦的高地地区出现的湿地类型，以涝渍和酸性土壤为特征。

草原壶穴

一种壶形的湿地，几千年前由于冰川活动而形成。它位于美国中西部的高处，湿地内充满融雪和雨水。

回流水

在地下水层进行回流补充的水。

河岸湿地

与河岸或其他水体有关的湿地。

盐度

水中盐的浓度。

沉积物

沉降到水体底部的各种颗粒物。

高地

地势较高，通常较干燥的地方。

春季池

一年中只有部分时间湿润的季节性湿地。

集水区

水流汇集的地方。

责任编辑　郑丁葳

封面设计　杨　静

"修复我们的地球"丛书

走进湿地

［美］劳拉·佩杜（LAURA PERDEW）　著

张超杰　译

出版发行　上海科技教育出版社有限公司

　　　　　（上海市柳州路 218 号　邮政编码 200235）

网　　址　www.ewen.co　www.sste.com

经　　销　各地新华书店经销

印　　刷　常熟市文化印刷有限公司

开　　本　787×1092　1/16

印　　张　6.5

版　　次　2020 年 4 月第 1 版

印　　次　2020 年 4 月第 1 次印刷

书　　号　ISBN 978-7-5428-7169-5/N·1074

图　　字　00-2000-006 号

定　　价　45.00 元